PROJET

D'UN

CHEMIN DE FER FUNICULAIRE

Reliant les Quartiers

SAINT-PAUL, SAINT-JEAN

A

Fourvière & Loyasse

TRÉVOUX

IMPRIMERIE JULES JEANNIN

—

1893

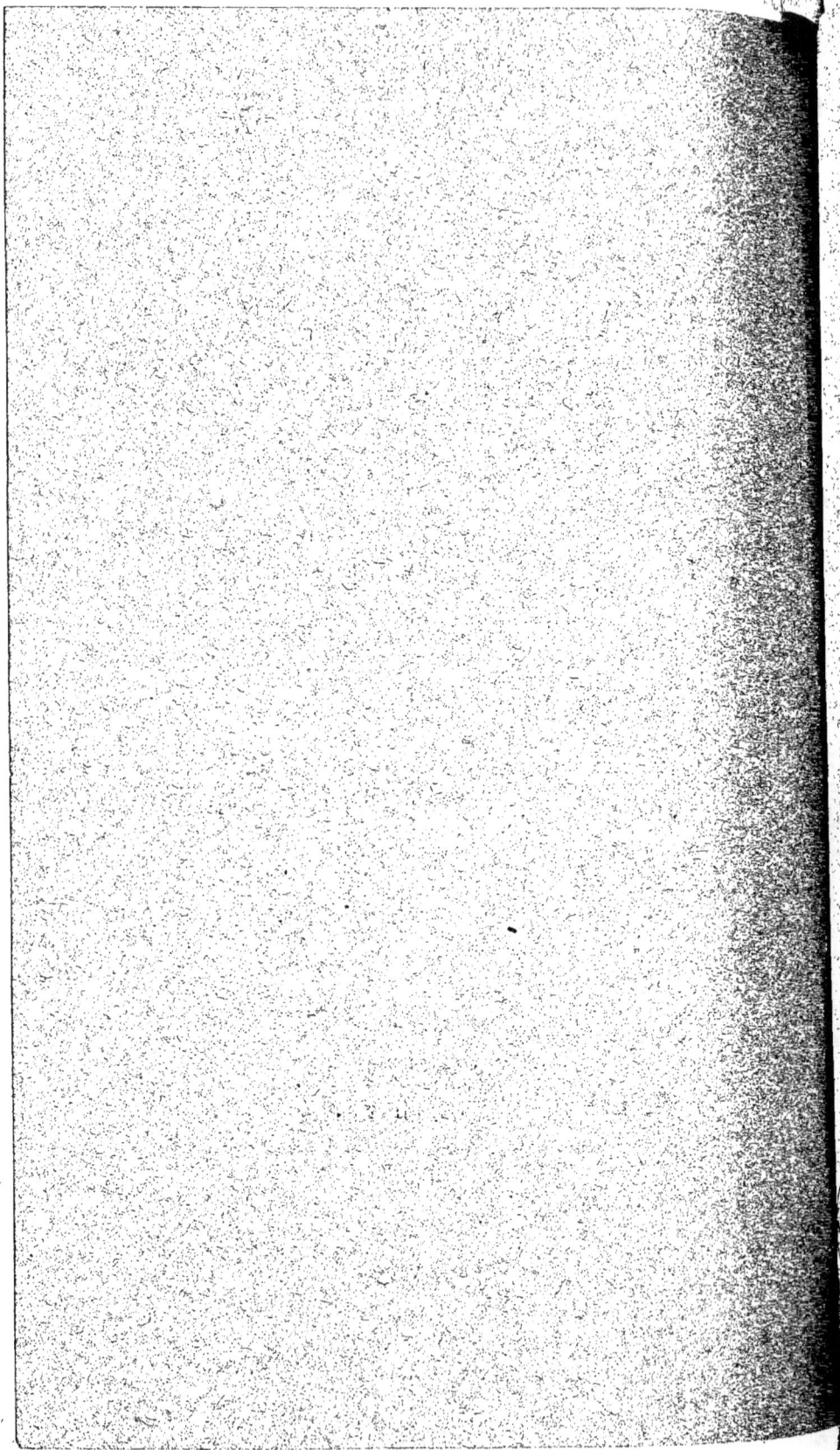

PROJET

D'UN

CHEMIN DE FER FUNICULAIRE

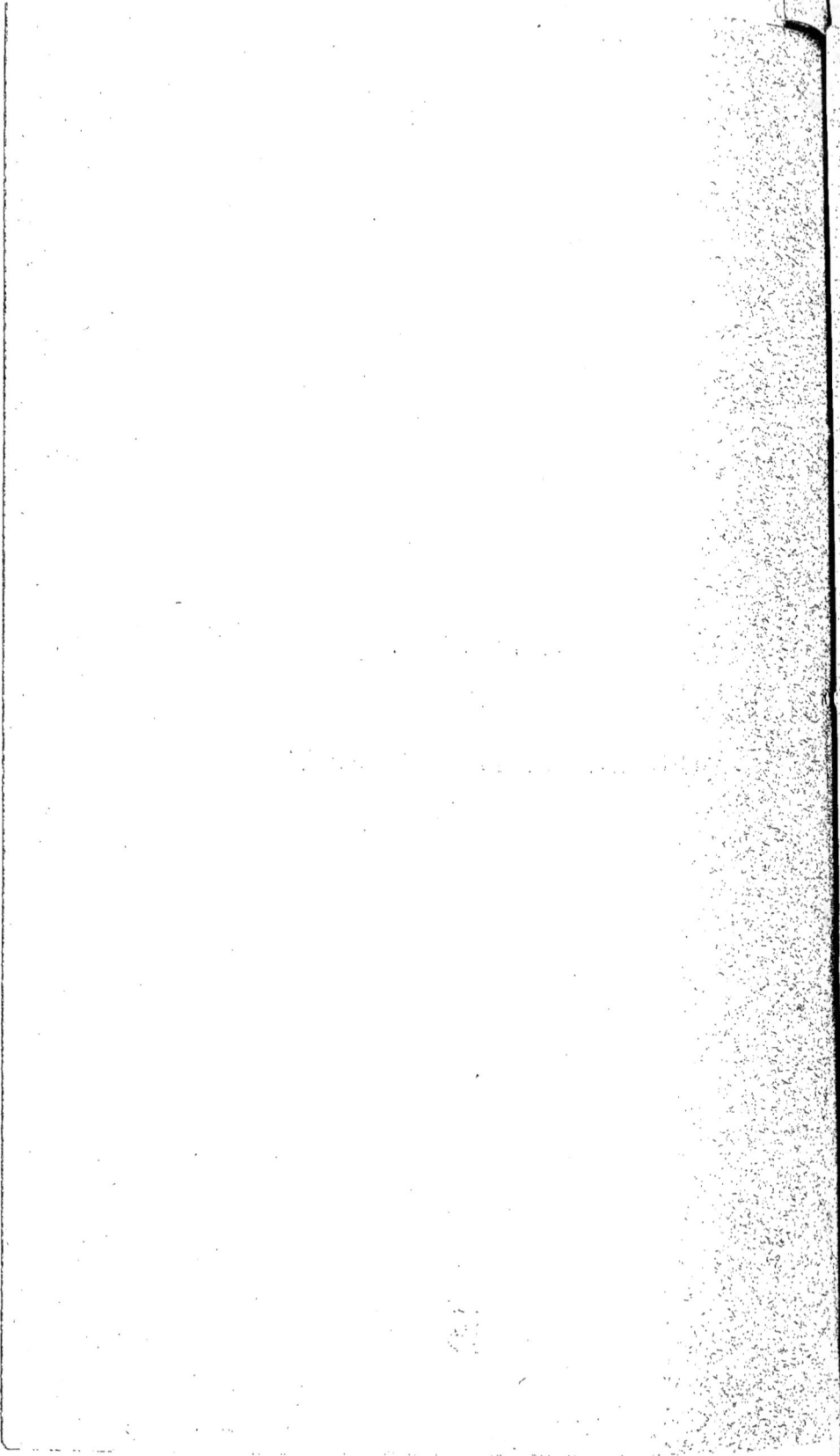

PROJET

D'UN

CHEMIN DE FER FUNICULAIRE

Reliant les Quartiers

SAINT-PAUL, SAINT-JEAN

À

Fourvière & Loyasse

TRÉVOUX

IMPRIMERIE JULES JEANNIN

—

1893

C.

Projet d'un Chemin de fer funiculaire

RELIANT LES QUARTIERS

SAINT-PAUL, SAINT-JEAN

à Loyasse et Fourvière

Exposé

Monsieur le Maire,
Messieurs les Conseillers municipaux
de la Ville de Lyon,

Je soussigné, Henri GERSPACH, demeurant à Lyon, 7, rue des Archers, ai l'honneur de vous adresser l'exposé d'un projet de chemin de fer funiculaire, reliant les quartiers St-Paul et du Chemin-Neuf à Fourvière et Loyasse.

Ce projet, mûrement étudié, a eu, dès le début, la faveur du nombreux public intéressé. En effet, aucun moyen de locomotion direct ne relie au reste de la ville ce quartier si populeux, but d'un très grand nombre de visiteurs, qui viennent de toutes parts visiter ce superbe panorama, si universellement vanté.

Un funiculaire, dans ce centre même de la ville, amènerait encore un mouvement plus grand et faciliterait les habitants des Ier, IVe, V^e, et VIe arrondissement, c'est-à-dire de la plus grande partie de la Ville.

Je me permets d'insister sur ce point, qui a certainement son importance.

De plus, comme vous pourrez le voir dans le cours de cet exposé, la ligne n'interrompt l'accès ni la circulation d'aucune voie publique; elle ne gêne en aucun endroit la circulation et ne touche à aucun immeuble, sauf le bâtiment consacré à l'emplacement de la gare St-Paul, qu'on serait, du reste, obligé de démolir en partie puisqu'il se trouve parmi les maisons à exproprier pour les rectifications de plan.

Je ferai remarquer également qu'*aucune subvention, ni garantie d'intérêt n'est demandée à la Ville.*

Toutes les garanties financières sont apportées, et les travaux se feront entièrement sous la responsabilité d'un entrepreneur livrant la ligne à l'exploitation.

C'est dans ces conditions,

Monsieur le Maire, Messieurs les Conseillers,

que je viens solliciter de l'administration, la concession du funiculaire projeté, en vous priant d'apporter toute votre attention à l'examen de mon projet.

Veuillez agréer,

Monsieur le Maire, Messieurs les Conseillers,

l'expression de mon profond respect.

Henri GERSPACH.

Conditions générales

Le chemin de fer funiculaire de St-Paul, St-Jean à Fourvière et Loyasse a pour but de faciliter l'ascension de la colline et d'améliorer ainsi — en lui donnant une plus-value incontestable — tout un quartier spécialement intéressant et jusqu'ici délaissé.

Le projet que nous avons l'honneur de soumettre au Conseil Municipal de Lyon, mettra le centre de la Ville directement en communication avec le plateau de Fourvière et le cimetière de Loyasse : on peut donc dire que la plus grande partie de la Ville y sera intéressée, c'est-à-dire les Ier, IVe, Ve, et VIe arrondissements.

Le projet, proprement dit, comporte deux points de départ :

L'un au pied de la montée *des Carmes Déchaussées, à l'angle de la rue Juiverie*, à la place de la maison portant le n° 2, à la cote 177,35 (voir la planche I, ci-jointe, ainsi que le plan général).

Un palier conduira de la gare au pied même du tunnel, qui commencera sous la montée St-Barthélemy et se poursuivra sous les propriétés des Pères Maristes, des Frères de la doctrine chrétienne, pour arriver, après un parcours de 385m 28, au sommet du plateau, dans la providence Caille, où sera établie la gare centrale, à la cote 286.

Le second point de départ serait établi au bas de la montée du Chemin neuf, à la cote 180,89. Le tracé passe en tunnel sous la propriété des sœurs Ste-Marthe, sous la montée St-Barthélemy, la commission de Fourvière et arrive également, après un parcours total de 322^{m}42, dans la Providence Caille, à la gare centrale.

C'est la première partie du projet.

La seconde partie comprend le trajet de Fourvière à Loyasse.

De la gare centrale, la direction sur Loyasse a sa voie à la cote 286, passe sous la montée des Auges, continue, en tranchée remblai, sur le terrain des Dames Jésus-Marie, traverse, sur un viaduc d'une longueur de 84 mètres, la propriété des Dames du Calvaire, longe le côté nord du champ de manœuvre de la Sarra, pour aboutir, après un parcours total de 754 mètres, au cimetière de Loyasse, à la cote 287,50.

Le tracé du double projet forme donc en projections, un Y allongé.

Considérations techniques.

Les trois directions ne comportent chacune qu'une seule voie, ce qui est suffisant, puisque tandis qu'un train monterait du Chemin-Neûf, à la gare centrale, l'autre descendrait vers la gare St-Paul et réciproquement.

. La direction sur Loyasse se fera par deux trains partant en même temps, l'un de la gare de Loyasse, l'autre de la gare centrale : un simple embranchement de garage suffira à la moitié du trajet.

Pour donner satisfaction à la demande de la sous-commission des Travaux publics, qui a imposé le service des voitures, nous avons modifié le projet primitif en abaissant le niveau de la gare St-Paul à la cote de la rue Juiverie et en créant une galerie souterraine de niveau, partant de la gare et aboutissant à l'angle de la rue Juiverie et de la montée des Carmes-Déchaussées.

L'entrée des voyageurs et des voitures sera donc en ce point ce qui motivera l'expropriation d'un immeuble frappé de reculement.

Un mur de soutènement avec parapets de pierres de taille limitera le passage souterrain sur les montées des Carmes-Déchaussées et St-Barthélemy.

Sur l'emplacement occupé par la maison du n° 2, montée Saint-Barthélemy, sera établie la véritable gare, c'est-à-dire l'arrivée des voitures du funiculaire. Cette gare voûtée servira pour ainsi dire de sous-sol à un immeuble nouveau, qui remplacera avantageusement celui existant et que les travaux obligent de démolir. Les revenus de cet immeuble feront donc partie de la recette totale ; ils seront certainement satisfaisants, par suite de la plus-value donnée aux immeubles, grâce à la création du funiculaire.

En abaissant le niveau de la gare, la pente aurait été augmentée, si par une modification dans le tracé nous ne l'avions ramenée à 28 centimètres par mètre.

Cette pente est donc très pratique, elle n'entraîne aucune crémaillère, elle est dans la moyenne des chemins de fer funiculaires.

Longueurs et Pentes des profils en long.

Les profils en long, relevés en réduction sur les planches annexées à cette étude, présentent les pentes suivantes :

1° *De la gare St-Jean à la gare centrale :*

Pente uniforme de 40 centimètres par mètre (0^m,400).

La différence des niveaux extrêmes est de 105 mètres.

La longueur horizontale de la pente en projection est de 260 m. 42, et sa longueur réelle est de 280 m. 83.

Le palier réservé à la gare St-Jean mesure 41 m. 89 de longueur.

2° *De la gare St-Paul à la gare centrale :*

Pente uniforme de 28 centimètres par mètre (0^m,280).

Différence des niveaux extrêmes : 108^{m}65.

La longueur horizontale de la pente (en projection) est de 369^{m}65, et sa longueur réelle de 385^{m}28.

Le palier réservé à la gare St-Paul est de 23 mètres.

3° *De la gare centrale à Loyasse :*

Pente uniforme de 4 millimètres 6 par mètres.

Différence de niveau entre les points extrêmes : 1^{m}5o.

La longueur horizontale du tracé est de 754^{m}3o.

Largeur de la Voie.

Des gares St-Paul et St-Jean à la gare centrale, la voie aura 1 mètre 44 de largeur, entre les bords intérieurs des rails.

La même largeur sera maintenu à la seconde partie du trajet, de la gare centrale à la gare de Loyasse.

Traction.

La traction entre les gares St-Paul et St-Jean et la gare centrale sera opérée au moyen de câbles à deux bouts, s'enroulant d'un côté et se déroulant de l'autre, sur un tambour différentiel qu'une machine fixe fera tourner, tantôt dans le sens de St-Paul, tantôt dans le sens de St-Jean.

De la gare centrale à Loyasse, la traction sera électrique.

Matériel roulant.

Le matériel roulant comprendra des voitures d'un confortable très-luxueux.

Sa largeur, saillies latérales comprises, sera de 2 mètres 80.

Service de l'exploitation.

Le chemin de fer servira également au transport des voyageurs, colis et voitures chargées.

Un char spécial, luxueusement aménagé, servira au transport des convois funèbres. Le transport des convois d'indigents décédés dans les hospices de Lyon sera effectué gratuitement, à des heures déterminées.

Le service commencera l'été à 5 heures du matin pour finir à 10 heures du soir.

L'hiver, il aura lieu de 6 heures du matin à 9 heures du soir.

Les départs auront lieu régulièrement toutes les cinq minutes.

* *

Le maximum de la vitesse des trains étant de 10 kilomètres à l'heure pour les deux plans inclinés, la montée s'opérera en 2 minutes 45".

Quant à la voie Fourvière-Loyasse, la vitesse des trains devra être environ de 22 kilomètres à l'heure;

c'est-à-dire que le parcours de Fourvière à Loyasse sera effectué en 2 minutes environ.

*
* *

Donc, du bas de la rue Juiverie, avec le transbordement de voyageurs compris, ON ARRIVERAIT AU CIMETIÈRE DE LOYASSE EN CINQ MINUTES.

*
* *

Les prix seraient ainsi arrêtés :

De St-Paul, St-Jean à la gare centrale, et *vice-versa* :

1re classe : o fr. 20, 2e classe : o fr. 10.

De la gare centrale à Loyasse et *vice-versa* :

1re classe : o fr. 3o, 2e classe : o fr. 15.

Devis estimatif.

Le devis estimatif s'élève à 1.3oo.ooo fr. ; il comprend : les expropriations des maisons, terrains, les redevances pour tréfonds, établissement des gares, des tunnels, des voies pour les trois lignes, fournitures du matériel, constructions pour dépôts, gares, etc., reconstructions d'immeubles expropriés.

Il diffère de ce luidu premier projet, car sur St-Jean et St-Paul, les deux lignes sont complètement en tunnels, de plus, leur longueur a été sensiblement augmentée.

Frais d'exploitation.

Ces derniers comprennent :

1° Personnel . . . . 33.700 fr.

2° Traction . . . . 19.600 —

3° Frais d'entretien et renouvelle-
 mént du matériel. . . . . . . 8.000 —

4° Frais généraux et de contrôle. . 24.000 —

5° Intérêt et amortissement du capital. . . . . 71.500 —

156.800 fr.

Recettes et bénéfices probables.

D'après une étude très détaillée, basée sur des documents officiels et précis, on peut prévoir une recette annuelle de 246.712 francs, de sorte que, déduction faite des frais d'exploitation, on peut servir au capital un dividende égal à 89.912 fr.

La création de ces trois lignes présente donc un intérêt réel. Sans parler des avantages que retireront tous les habitants et commerçants, il est donc bien prouvé que les capitaux engagés seront rémunérés largement.

Les états fournis au Conseil ont été basés sur la circulation actuelle; or il a été remarqué que la facilité des communications double ordinairement la circulation.

La création récente du funiculaire Croix-Rousse-Croix-Pâquet est une preuve de ce que nous avançons ; nous ne doutons pas que le projet actuel donne les mêmes résultats.

Conséquences du projet au point de vue des améliorations à apporter à la Ville de Lyon et au point de vue de l'utilité publique.

On comprendra sans peine que les habitants du Ve arrondissement et spécialement ceux de St-Paul et de Vaise aient accueilli avec une bienveillance marquée le projet du nouveau funiculaire.

Assurément, ces vieux quartiers, berceau de l'ancienne ville, sont absolument négligés, et tout tend à reporter les intérêts de la ville du côté opposé.

Nous ne voudrions aucunement critiquer cette sorte de délaissement bien justifié par l'accroissement continu de la population. Cependant nous signalons ce fait, que notre projet apporte une amélioration marquée et une énorme plus-value au principal quartier intéressé, et cela sans empêcher aucune amélioration à apporter ailleurs, *puisque nous ne demandons aucune subvention à la ville.*

Notre projet permet même de fournir à la Ville l'occasion de rectifier — sans bourse délier — un alignement inscrit depuis longtemps : nous voulons parler de l'expropriation prochaine par la ville, de la maison sise rue Juiverie, où devra s'élever la gare de St-Paul.

C'est un point qui n'est certes pas à dédaigner et que l'administration municipale, soucieuse des intérêts des contribuables, accueillera avec un certain plaisir, certainement.

Mais ce n'est pas le seul point particulier à signaler concernant les améliorations à apporter à notre ville : notamment la réussite de notre funiculaire hâterait énormément l'adoption du grand viaduc devant relier la Croix-Rousse à Fourvière.

La circulation sera encore plus grande à Fourvière, et cette animation, centuplée par le funiculaire, s'étendra sur le plateau de la Croix-Rousse par le viaduc projeté.

Aussi sommes-nous certain d'avoir tout l'appui désirable du côté de l'intéressante population croix-roussienne, ainsi que celui de ses distingués mandataires au Conseil municipal.

En ce qui concerne le Ve arrondissement, nous ne nous montrons pas trop téméraire en disant que l'appui nous sera donné de part et d'autre sans hésitation, l'intérêt des habitants ne pouvant faire doute pour personne.

Nous pouvons en dire autant des habitants des Ier et IIe arrondissements — tous également intéressés,

Le Panorama de Fourvière.

Tout le monde connaît ce ravissant panorama qui se déroule devant les yeux sur le plateau de Fourvière.

Tous les visiteurs se sont extasiés devant cette vue splendide, peut-être unique dans le monde entier.

Nos célébrités contemporaines ont tenu à laisser des souvenirs de leur passage, et, si l'on consulte les registres de l'Observatoire Gay, on peut voir les traces du passage de MM. Thiers, Gambetta, Jules Favre, Jules Simon, etc.

Mais combien l'enthousiaste admiration grandira encore lorsqu'un funiculaire, confortablement aménagé, facilitera l'ascension de la colline enchanteresse en évitant cette fatigue aux visiteurs.

Non seulement ceux-ci deviendront plus nombreux, mais ils viendront plus souvent admirer notre magnifique cité.

Et si l'on se place à d'autres points de vue, on voit également toute une nouvelle série de visiteurs à satisfaire : les touristes, les étrangers, les pèlerins eux-mêmes.

*
* *

Nous ne voudrons dire que deux mots de la se-

conde partie du projet : la ligne de Fourvière à à Loyasse.

L'utilité en est incontestable, si l'on songe aux nombreux enterrements qui convergent à Loyasse et au culte des morts si en honneur dans notre cité.

Que l'on considère cette foule innombrable allant porter sur les tombes des êtres aimés et disparus, qui un souvenir, qui une fleur, qui une larme.

Là encore notre projet fera des heureux, et il aura d'autant plus de mérite qu'il rendra moins pénible cette bien triste mission.

Les garanties financières.

Tout projet cache généralement une lacune, au point de vue financier.

Il n'en est rien en ce qui concerne le funiculaire St-Paul-St-Jean-Fourvière et Loyasse.

Le demandeur en concession est prêt à commencer *immédiatement* les travaux, aussitôt la concession accordée. L'administration a en mains tous documents à ce sujet.

Jusqu'à la livraison de la ligne à l'exploitation, les travaux sont placés sous la complète responsabilité d'un entrepreneur qui versera le cautionnement fixé par l'administration.

L'Exploitation se fera ensuite par une société financière.

Conclusion.

Tel est, à vol d'oiseau, le résumé du projet que nous avons l'honneur de soumettre à la haute approbation de l'administration.

Ce projet, parfaitement étudié, est prêt à être mis à exécution.

Toutes les garanties sont offertes et ce que nous vous soumettons, n'est qu'une simple demande de concession.

AUCUNE GARANTIE, NI AUCUNE SUBVENTION N'EST DEMANDÉE A LA VILLE.

Aucun obstacle ne peut survenir dans le cours des travaux : l'exécution des tunnels, voies en remblai et viaduc ne rencontre aucune difficulté technique, puisqu'il ne s'agit que de *travaux ordinaires ne comportant pas d'imprévus* et que la ligne ne passe sous aucun immeuble.

Les avantages qui doivent résulter de la mise à exécution de ce projet sont d'une évidence et d'une importance incontestables, puisque nous donnons une plus-value très grande à tout un quartier sans grever d'un centime le budget des contribuables.

La population lyonnaise tout entière accueillera

avec satisfaction la décision favorable du Conseil Municipal, qui, je l'espère, n'aura aucune hésitation à se prononcer.

Henri GERSPACH.

Ingénieur.

7, rue des Archers, LYON.

Trévoux, imp. Jules JEANNIN (Succursale à Châtillon).

Profil en long St Paul Fourvière

Échelles { Longueurs 0.001 p. m.
          { Hauteurs 0.002 p. m.

www.ingramcontent.com/pod-product-compliance
Lightning Source LLC
Chambersburg PA
CBHW050437210326
41520CB00019B/5962